EL CAMBIO CLIMÁTICO EN TIEMPOS DE PANDEMIA

OSCAR IBAÑEZ

TU TIENDA ECOLÓGICA Perez

EL CAMBIO CLIMÁTICO EN TIEMPOS DE PANDEMIA

This book was professionally typeset on Reedsy
Find out more at reedsy.com

Contents

1.
    1.
    2.
    3.
2.
    1.
    2.
    3.
3.
    1.
    2.
    3.
    4.
    5.
4.
    1.
    2.
    3.
5.
    1.
    2.
    3.
    4.
    5.

6.
    1.
    2.
    3.
        4.
    5.
7.
    1.
    2.
    3.
    4.
    5.
8.
    1.
    2.
    3.
9.
    1.
    2.

CAMBIO CLIMÁTICO Y CORONAVIRUS

El cambio climático

Es una alarma que llevemos batiendo todo el invierno récords de temperatura.

Enero de 2020 ha sido el enero más cálido jamás registrado en el mundo, además, durante el pasado mes de febrero, la temperatura media en España se ha situado 3°C por encima de la media.

No solo el calor, también la escasez de precipitaciones es una realidad.

Se están incrementando los impactos del cambio climático y nuestro país no es una excepción.

El coronavirus

La atmósfera se ve más limpia pero muy probablemente será momentáneo y su causa es fundamentalmente una mala noticia, pero una de las consecuencias inesperadas del brote de coronavirus ha sido un aire más limpio y la reducción en las emisiones de gases que contribuyen al cambio climático.

Se está produciendo una caída de las emisiones de efecto invernadero debido a las medidas excepcionales de contención contra el nuevo coronavirus.

Si la economía se para, como ha ocurrido ya en China e Italia con esas medidas de contención, cae el consumo de energías fósiles y, por lo tanto, también disminuyen los gases de efecto invernadero que se expulsan a la atmósfera.

El coronavirus podría empeorar el cambio climático a largo plazo porque aunque la pandemia ha reducido las emisiones de forma puntual, el descenso solo se debe a la parálisis de la economía y cuando la sociedad se reactive en medio de una recesión, las emisiones no solo volverán a subir sino que habrá menos dinero para abordar proyectos de transición energética.

La importancia de la reducción de emisiones de CO2 por causa del coronavirus dependerá sobre todo de la extensión y duración de la crisis.

Algunos países que han visto reducido el CO2

CHINA

Vio en enero una mejora de la calidad del aire como consecuencia del coronavirus, lo que muestra el impacto que la actividad humana tiene en el clima.

ITALIA

Los canales de Venecia lucen más limpios y en algunas partes el agua se encuentra cristalina.

Las aves marinas nadan por sus aguas ya que permanecen tranquilas debido a la detención del tráfico de las góndolas y las lanchas motoras.

Venecia

El cambio climático es más mortal que el coronavirus

En este momento hay una preocupación a nivel global por la rápida expansión del coronavirus, el informe sobre el Estado del Clima Mundial de la Organización Metereológica Mundial, llama la atención sobre la importancia de trabajar para mitigar las afectaciones generadas por el cambio climático, pues son millones de personas afectadas por esta problemática.

En 2019 el calentamiento global tuvo consecuencias sobre la salud, la comida y el hogar de millones de personas en el mundo. Además, puso en riesgo la vida marina y una gran cantidad de ecosistemas.

El virus tendrá un impacto económico a corto plazo, pero las pérdidas serán masivas si pensamos en el calentamiento global.

El cambio climático es más mortal que el coronavirus

Tanto el coronavirus como la crisis climática son dos problemas muy serios que requieren una respuesta determinada, pero que tienen una naturaleza muy distinta.

La enfermedad tendrá *a priori* un impacto temporal, mientras que la emergencia climática es una cuestión de largo plazo.

Los países deben continuar trabajando para avanzar hacia una economía menos contaminante y alcanzar los compromisos necesarios en la COP26, prevista para el próximo noviembre en Glasgow (Reino Unido).

Algo que invita a reflexionar es el hecho de que por culpa de una pandemia, como es el coronavirus, los factores que perjudican el cambio climática están mejorando y esto no tendría que ser así, ya que tendría que mejorar por nuestras voluntarias acciones y no porque nos las impongan debido a algo tan grave como una pandemia.

Sabemos que nuestro país se enfrenta estos días a una crisis de salud pública. Ojalá la pandemia se acabe pronto.

CORONAVIRUS: VIBRACIÓN DEL PLANETA

O scar Ibáñez:

La menor actividad diaria de las personas provocada por el estado de alarma ha hecho que se reduzca drásticamente el ruido ambiental en el planeta.

Las acciones para frenar el coronavirus podrían significar que el planeta se está moviendo menos.

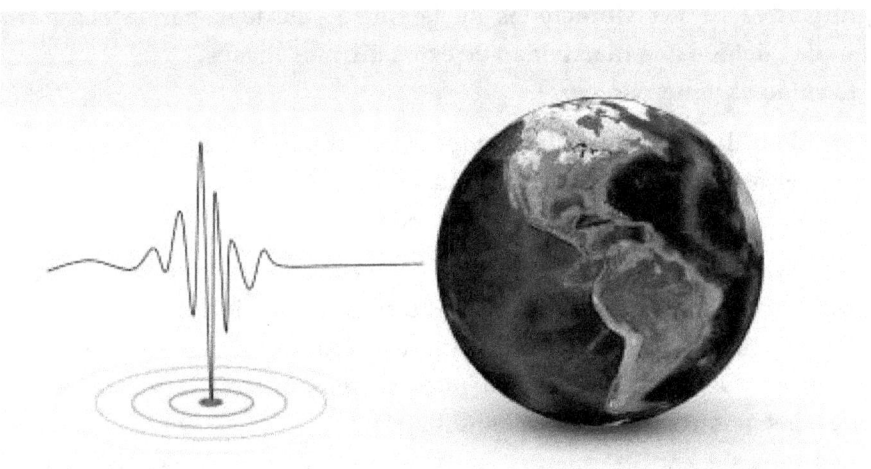

Vibraciones planeta tierra

Cambio de las vibraciones debido a la cuarentena

La pandemia del coronavirus y el estado de alarma han cambiado la vida diaria de los ciudadanos.

Como hemos dicho en otros artículos del blog el confinamiento ha traído múltiples beneficios para el medio ambiente:

- LA CONTAMINACIÓN: el aire que estamos respirando es mucho más limpio que el de hace semanas debido a que hay menos tráfico y la industria se ha paralizado casi por completo.
- DISMINUCIÓN DEL RUIDO: a la fauna se la a visto pasear por las calles de nuestras ciudades debido a que no habido tráfico y las personas casi no salimos de casa.

Otra consecuencia de la que vamos hablar en este, es la disminución significativa de las vibraciones de la tierra causadas por la actividad humana , debido a la inactividad de estos últimos meses.

El ruido es generado por:

- la utilización de coches, autobuses y trenes.
- el funcionamiento de las industrias
- la actividad cotidiana de las personas

Todo este ruido producía en la corteza superior terrestre unas vibraciones que ahora han desaparecido en gran medida.

Durante la noche se reduce al mínimo, pero durante el día aumenta a medida que se pone en marcha nuestro movimiento, los coches, los trenes, los aviones, las obras o la industria.

Los días de confinamiento, se puede ver que el ruido sísmico ha bajado de forma significativa.

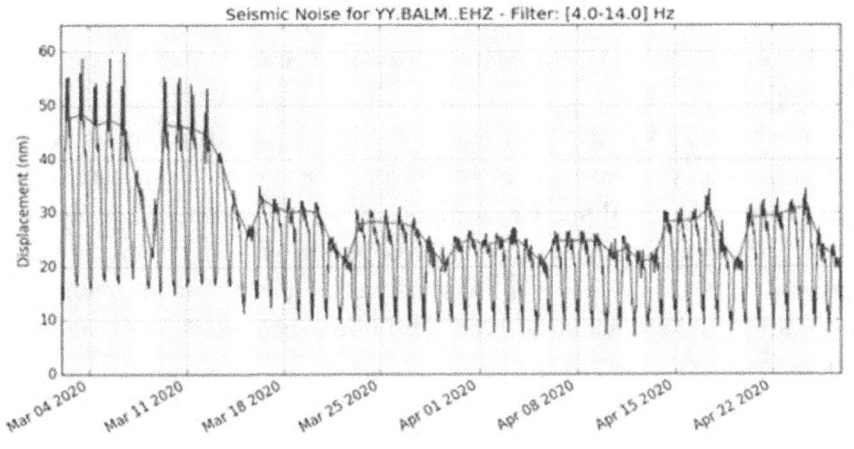

Reducción del ruido sísmico

Ciudades del mundo en las que han disminuido las vibraciones

Bélgica

Se produjo un descenso pronunciado de las vibraciones cuando se empezaron a tomar medidas como el cierre de los colegios y los restaurantes.

Barcelona

Se ha detectado una caída del 60% del ruido sísmico ambiental.

Londres

París

Los Ángeles

Italia

Chile

También reportaron reducciones del ruido sísmico.

Ventajas de la reducción sísmica

La disminución del ruido sísmico es una buena noticia para los sismólogos.

Como hay más silencio y quietud, los dispositivos sísmicos se vuelven más sensibles y pueden detectar otros movimientos que antes les llegaban con una señal menos nítida.

Esta disminución de las vibraciones podría permitir a los sensores sísmicos detectar terremotos más pequeños y actividades volcánicas más sutiles, está situación no provocará una disminución del número de terremotos.

TELETRABAJO

Oscar Ibáñez:

Las drásticas medidas aplicadas para paliar el coronavirus, como la restricción de la actividad industrial o de los desplazamientos, han hecho más que todas las que se han aplicado durante estos años para luchar contra el cambio climático.

El teletrabajo y el coronavirus

El coronavirus ha empujado a muchos empleados a trabajar desde casa.

Antes del Estado de Alarme solo un 5% de las personas trabajaba desde casa, tras su proclamación la cifra a subido hasta un 34%.

Esta crisis y su efecto positivo en el medioambiente nos hará cambiar ciertos hábitos en nuestra manera de vivir, por ejemplo, en los desplazamientos.

La cantidad de vehículos que se mueven al día que se ha visto reducida a mínimos históricos gracias al teletrabajo, entre otras cosas, nos hace pensar si esta es la manera en la que tenemos que dirigir nuestra forma de trabajar si de verdad queremos conseguir conciliar y evitar el vertiginoso cambio climático que nos acecha.

En este caso se ha tenido que implantar el trabajo a distancia por necesidad y aunque no se está haciendo en las condiciones idóneas (en una situación de normalidad se trabajaría desde casa sin niños) sí que se está viendo que "habrá un antes y un después", porque es un sistema que beneficia a todas las partes.

Ventajas del teletrabajo

- Flexibilidad horaria.
- Mejor conciliación para el trabajador.
- Aumento de la satisfacción del trabajador, lo que conlleva menos absentismo, mejores resultados y más lealtad con la empresa.
- Ahorro de tiempo del desplazamiento y del carburante.
- Disminución del gasto de energía.
- Ahorro en los costes de oficina para el empresario.
- Reducción del tráfico y de los accidentes.
- Reducción de la contaminación y del efecto invernadero.

DISMINUCIÓN DE LA CONTAMINACIÓN

- **Mejora de la productividad.**
- Permite trabajar con clientes y trabajadores de cualquier parte del mundo, lo que implica más clientes y más ingresos.

Los viajes de negocios y las reuniones también se reducirán y aumentarán las videoconferencias, contribuyendo también a reducir las emisiones contaminantes.

Además, no solo saldría ganando el medio ambiente, sino también la salud de las personas, ya que la contaminación atmosférica es la responsable de más de 10.000 muertes al año en nuestro país.

Muchas empresas lo ven positivo y van a tener en cuenta de forma progresiva esta forma de trabajo.

Cataluña ya está trabajando en un decreto para potenciar el teletrabajo.

Aunque el teletrabajo no es viable en todos los sectores o lo permiten en todos los puestos dentro de la misma empresa, como la hostelería o la industria de la automoción.

Países que teletrabajan

SUECIA: Es el líder europeo en teletrabajo con un 34%.

FRANCIA: Un 21%.

PORTUGAL: Un 15%.

ESPAÑA: Se encuentra a la cola de la Unión Europea. Lleva un importante retraso con respecto a otros países de la UE, que inteligentemente han apostado de forma más decidida por esta opción.

Las empresas se han visto forzadas a experimentar este nuevo método que en otros países del mundo sí estaba implantado y ofrecía buenos resultados.

Empresas que ya están teletrabajando

- ZURICH SEGUROS: permiten trabajar a sus empleados 20 horas en casa.
- BANCO SABADELL.
- BBVA.

Conclusión

Los expertos consideran que el trabajo desde casa se consolidará más allá de la pandemia.

Las empresas tienen que dar ejemplo de modernidad y adaptación al cambio, de la forma de trabajo y compromiso con el medioambiente para una mayor contribución a mejorar el cambio climático.

El teletrabajo en España ha traído aspectos positivos sociales y medioambientales que le podrían beneficiar, empujando así al país hacia la renovación, modernización y sostenibilidad.

CORONAVIRUS Y MEDIO AMBIENTE

O scar Ibáñez:

Debido a la situación actual por la que estamos pasando en el mundo tenemos que llevar mascarillas en nuestra vida diaria (nueva normalidad), siendo en algunos países obligatorias, y estas son perjudiciales para nuestro planeta, basta con dar un paseo por la calle para ver la cantidad de mascarillas de usar y tirar que algunas personas tiran al suelo y no desechan en los lugares adecuados.

Las mascarillas faciales de grado médico (así como otros equipos de protección personal, también conocidos como PPE) casi siempre están hechas de materiales derivados del plástico, lo que significa que no son biodegradables, y una gran cantidad de se está tirando a la basura en este momento.

Por lo que las mascarillas desechables son una necesidad vital para los médicos que trabajan con pacientes con COVID-19.

Ya hay empresas que están fabricando mascarillas biodegradables que no son dañinas para el planeta.

Tipos de mascarillas biodegradables

Filtro con nanofibras, reutilizable y biodegradable

Ofrecen una capacidad de filtración diez veces mayor que las convencionales gracias al uso de nanofibras y se pueden usar durante días.

Se aplica a las mascarillas sanitarias FFP1, FFP2 y FFP3 y quirúrgicas.

Las nuevas mascarillas cuentan con la certificación especial CPA FFP2, que Europa ha lanzado para resolver la emergencia que se creó debido a la filtración de ciertos materiales defectuoso o falsificado provenientes de China.

Pensada para la población civil., aunque también para profesionales sanitarios, personal de líneas aéreas y para fuerzas y cuerpos de seguridad del estado.

La tecnología con la qué se fabrican presenta bastantes ventajas frente a la tecnología tradicional y además es igual de económica.

Disponibles en el mercado español desde julio.

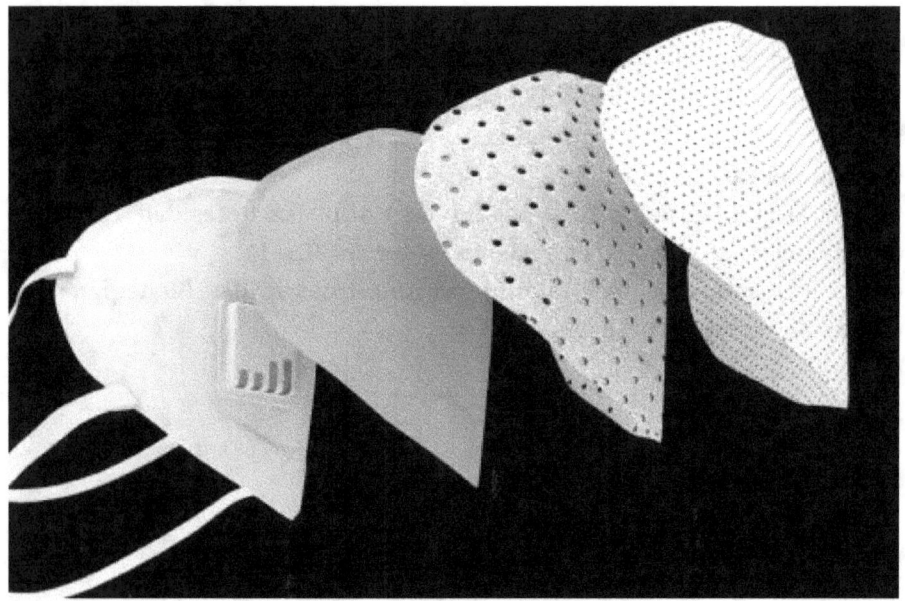

Filtro mascarilla biodegradable

Filtro antimicrobiano y otro biodegradable

Que llegarán al mercado en septiembre.

Las mascarillas tanto desechables, lavables o reutilizables podrán utilizar estos filtros.

Mascarillas 100% biodegradables a partir de fibras naturales

A partir de una planta de la familia del banano denominada Cáñamo de Manila o abacá, se fabrican estas mascarillas compostables.

El material es tan duradero como el poliéster, pero tiene la gran ventaja de descomponerse en solo dos meses.

Un experimento demostró que el papel de abacá es más resistente al agua que una máscara comercial N-95 y es adecuado para filtrar partículas peligrosas.

Y además es un producto de calidad que realmente tiene el potencial de reemplazar las máscaras desechables comunes.

AIR X COFFEE MASK - Mascarillas higiénicas reutilizables y biodegradables hechas con fibra de café - Gris

Mascarillas de cáñamo

Mascarillas biodegradables con aroma a café

Mascarilla antibacteriana, reutilizable, biodegradable y con aroma a café.

Está confeccionado con tejido de fibras de granos de café, el cual provoca un olor particular mientras se utiliza y puede brindar una sensación de relajación.

Según aseguraron desde la empresa, la tecnología elimina el 99% de las bacterias y además ofrece protección contra los rayos UV.

Podrán lavarse después de cada uso, mientras que el filtro biodegradable interno no necesita lavarse, pero puede reemplazarse mensualmente.

Se puede usar por 30 días puesto que a partir de hay el olor y su función protectora empiezan a deteriorarse y se recomienda cambiarla.

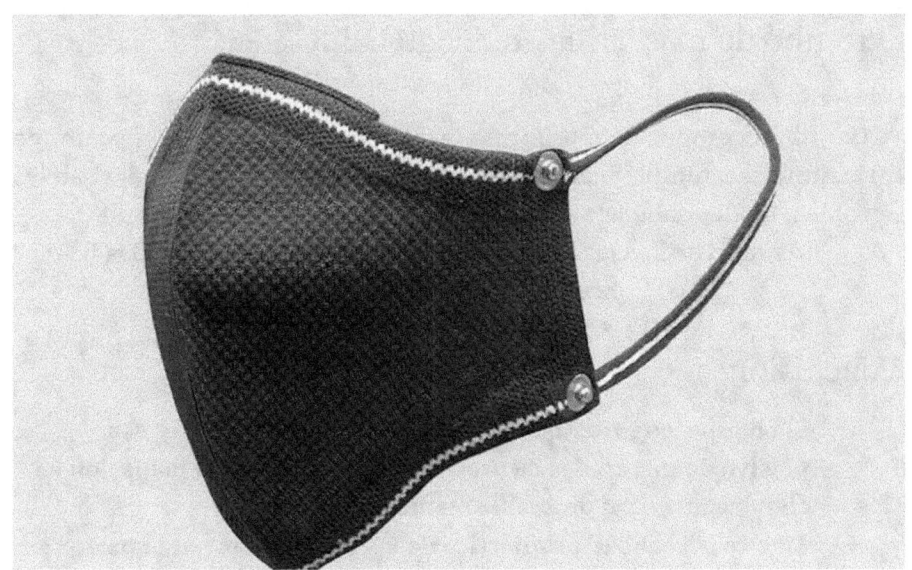

Cubrebocas con aroma a café

Empresas fabricantes

Empresa Bioinicia

Las han creado un equipo de investigadores del Consejo Superior de Investigaciones Científicas (CSIC).

El responsable es el investigador José María Lagarón, del Instituto de Agroquímica y Técnica Alimentaria.

Compañía Vietnamita Shoex

La compañía decidió crear la nueva alternativa de mascarilla ecológica y reutilizable para detener los desechos médicos y la contaminación plástica por el uso frecuente de mascarillas desechables durante la pandemia.

Otro tipo de mascarillas biodegradables

Fabricada con ecos de mar

De fibra, producida de forma ecológica a partir de madera de agricultura sostenible certificada. Es un material apto para pieles sensibles, biodegradable y compostable.

Las mascarillas las fabrica una empresa de Cantabria y las ha diseñado una guipuzcoana.

Conclusiones

- El objetivo es evitar que los residuos generados por el uso masivo de materiales de protección por parte de la población se conviertan en un problema medioambiental.
- Mejorar la calidad profiláctica de las mascarillas para que puedan proteger de forma más segura contra el virus.

CORONAVIRUS Y USO DE DESINFECTANTES

O scar Ibáñez:

Ante la situación de alarma sanitaria declarada por la pandemia de covid-19, se ha generado unas necesidades de desinfección superiores a las habituales, limpieza y desinfección de establecimientos, elementos y mobiliario urbano (superficies de contacto, medios de transporte, vías públicas, etc.).

Desinfección del mobiliario urbano

El uso masivo de desinfectantes que se utilizan para el coronavirus es peligroso para la salud de las personas y el planeta.

No solo el uso de los desinfectantes en los hogares sino también el uso de lejía y sus derivados para desinfectar las calles de nuestras ciudades, que algunos expertos franceses ponen en duda su eficacia frente al virus y podrían tener consecuencias para el medio ambiente.

Porque es perjudicial para la salud de las personas

- El uso de desinfectantes en los hogares hace que la calidad del aire en los hogares sea peor, puesto que contienen compuestos tóxicos perjudiciales para la salud.
- Las intoxicaciones debido a la mezcla de estos desinfectantes.

Porque es perjudicial para el planeta

- Incremento en la contaminación de las aguas por el uso masivo de estos productos, que resultan peligrosos para la flora y la fauna.

No es necesario recurrir a estos productos para limpiar: basta detergente... pero no hace falta que lleve un desinfectante: el detergente es capaz por si solo de arrastrar los microorganismos.

Desinfectantes no autorizados

El ozono generado a partir del oxígeno, no puede utilizarse como biocida porque no es un producto autorizado para la desinfección de superficies y actualmente no está incluido en el listado de productos virucidas publicado por el Ministerio de Sanidad.

El dióxido de cloro es una sustancia activa autorizada con finalidad bactericida y fungicida, pero no con finalidad virucida, por lo que no puede utilizarse para la desinfección de superficies frente a SARS-CoV-2.

Desinfectantes caseros y ecológicos

- Agua + Vinagre: para limpieza en general. Mezclar 50/50 en un spray.
- Jugo de limón: para los malos olores.
- Aceite de árbol de té: llena un spray con agua y vierte unas gotas de aceite de té.
- Hierbas + Vinagre: Mezclar las hierbas con el vinagre y agua.

El uso del vinagre para desinfectar

Conclusiones

Para la salud:

No por ello deben dejar de utilizarse, advierten los expertos, pero sí que es necesario actuar con prudencia y sentido común.

Utilizando una mayor concentración de desinfectantes no se va a conseguir una mayor desinfección.

Para el planeta:

La limpieza masiva de las calles, esencial en tiempos normales, debe continuar en la situación actual, pero lo que no debe es basarse en productos de procedentes de la lejía, ya que no se ha demostrado su utilidad para acabar con la carga viral en lugares públicos.

Otras alternativas para la desinfección:

- recurrir al jabón de toda la vida, usar dos cubos (uno con agua con detergente y otro con agua limpia para aclarar).

- pasar bayetas de microfibras sin detergente para eliminar restos de una superficie.
- el vinagre de limpieza, el agua oxigenada, limón o bicarbonato.

CORONAVIRUS: OTRA FORMA DE CONTAMINAR

O scar Ibáñez:

La crisis del coronavirus está cambiando muchas cosas de nuestra vida cotidiana.

El parón de las actividades económicas debido al confinamiento por el coronavirus (como hemos hablado en otro artículo) ha disminuido la contaminación atmosférica, pero se ha producido un aumento en la contaminación de sólidos y plásticos de usar y tirar a causa del coronavirus.

Y probablemente irá en aumento a medida que avance el desconfinamiento de los ciudadanos.

El mar sin residuos

La crisis del coronavirus está cambiando muchas cosas de nuestra vida cotidiana.

El parón de las actividades económicas debido al confinamiento por el coronavirus (como hemos hablado en otro artículo) ha disminuido la contaminación atmosférica, pero se ha producido un aumento en la contaminación de sólidos y plásticos de usar y tirar a causa del coronavirus.

Y probablemente irá en aumento a medida que avance el desconfinamiento de los ciudadanos.

Los nuevos residuos del coronavirus

Las mascarillas y guantes que usamos ahora para protegernos del coronavirus, provocan un nuevo tipo de contaminación.

Además de las mascarillas y los guantes, otros EPI también hechos de material plástico son los guantes, las batas impermeables, las gafas y viseras y las pantallas protectoras faciales.

No es raro encontrarse este tipo de residuos tirados por las calles.

Mascarillas y guantes en la calle

En las últimas semanas, muchos operarios de limpieza y vecinos han advertido en las redes sociales que están encontrando guantes y mascarillas usados tirados por la calle. Estos residuos tirados en cunetas, carreteras o justo al lado de los contenedores demuestran que el ser humano, en muchas ocasiones, no es consciente del riesgo que genera.

Estos, no solo son un foco de contagio, sino que además pueden acabar en la naturaleza, en las vías fluviales y océanos, donde pueden permanecer cientos de años.

Dos meses de confinamiento han bastado para que las mascarillas ya floten en los océanos, agravando el riesgo para la vida marina.

Se han descubierto en playas de diversas pequeñas islas deshabitadas, miles de mascarillas usadas, con todo probabilidad utilizadas en los últimos meses por la población y personal sanitario como protección contra el nuevo coronavirus Covid-19.

Desechos en el mar

La situación solo podría empeorar ahora que varios países revirtieron o relajaron sus prohibiciones y regulaciones sobre bolsas y plásticos de un solo uso ante el temor de contagios.

Nuevos usos del plástico

Ahora que nos enfrentamos a las diferentes fases de desconfinamiento, los diversos espacios públicos se están preparando para evitar el contacto entre personas y mantener las distancias de seguridad.

Se está incrementando el uso de mamparas protectoras que actúan como barrera física y aumentan la seguridad de clientes y trabajadores.

Y se ha diseñado unos cubículos para poder mantener las distancias de seguridad en las playas.

Tanto las mamparas como los cubículos son un material plástico transparente, irrompible, flexible y resistente.

Las mamparas y cubículos tienen una vida útil de unos 10 años. Pero la realidad es que, una vez superada la crisis sanitaria, todo este material será retirado y nos encontraremos con una gran cantidad de residuo plástico.

Mamparas

La sociedad estaba plenamente concienciada de los problemas de sostenibilidad de los plásticos. Sin embargo, la necesidad de contener la propagación del virus ha causado el resurgimiento del plástico como un material indispensable.

Solución: reciclado

Es necesario separar tanto las mascarillas como los guantes del resto de la basura:

1. Meter las mascarillas y guantes en una bolsa de plástico.
2. Introducirla en la bolsa de basura, no se tira ni al váter ni al suelo.
3. Se depositará 'exclusivamente' en el contenedor gris.
4. Está terminantemente prohibido depositarlos en los contenedores de recogida (orgánica, envases, papel, vidrio o textil).

El desarrollo de materiales alternativos a los plásticos más biodegradables y más reciclables, así como el avance en el diseño de nuevos aditivos químicos que sean menos contaminantes.

Lo correcto es utilizar mascarillas reutilizables.

Conclusión

Se trata (la mayor parte de ellos) de materiales no degradables y, por tanto, altamente contaminables, por lo que aumenta la preocupación por su impacto ambiental. De ahí, la importancia de depositarlos en las papeleras de la calle o en el contenedor gris de residuos.

El reciclaje debería ser uno de los hábitos a tener en cuenta ahora que tenemos tiempo y, además, el planeta lo necesita más que nunca.

CORONAVIRUS Y CONTAMINACIÓN

O_{scar Ibáñez:}

Factores ambientales que inciden en el coronavirus

Las condiciones ambientales pueden ser determinantes en la evolución del virus:

- **la contaminación atmosférica.**
- **las altas temperaturas.**
- **la humedad del aire.**
- **radiación ultravioleta.**

La contaminación

Relación entre la contaminación y el coronavirus

Un estudio integral incluirán los posibles efectos de la contaminación ambiental.

Científicos de la Universidad de Harvard concluye que los habitantes de las zonas más contaminadas tienen más probabilidad de morir por coronavirus.

Una investigación de la Universidad de Siena sugiere que la alta contaminación podría estar detrás de la elevada mortalidad en las regiones más industrializadas del país.

Contar con una buena calidad de aire, será beneficioso para unos pacientes con una capacidad pulmonar afectada.

Podemos ver en estos momentos que debido al confinamiento por el COVID-19 la calidad del aire a mejorado y han bajado los niveles de contaminación y esto sería beneficioso para la enfermedad.

Relación entre las altas temperaturas y el coronavirus

Un estudio que ha iniciado la Agencia Estatal de Meteorología (Aemet), indica que las altas temperaturas y la humedad mitigan el poder de contagio.

Existe una correlación negativa entre la temperatura y el coronavirus, a menor temperatura promedio, mayor incidencia.

De ahí que la llegada de la temporada primaveral en el hemisferio norte podría reducir eficazmente la transmisión de la enfermedad.

En el país asiático, el brote se desarrollaba de manera severa en Corea, Japón e Irán, donde el ambiente en el invierno boreal es más frío y seco, en otros como Singapur, Malasia y Tailandia, con un clima más cálido y húmedo el número de contagios era menor.

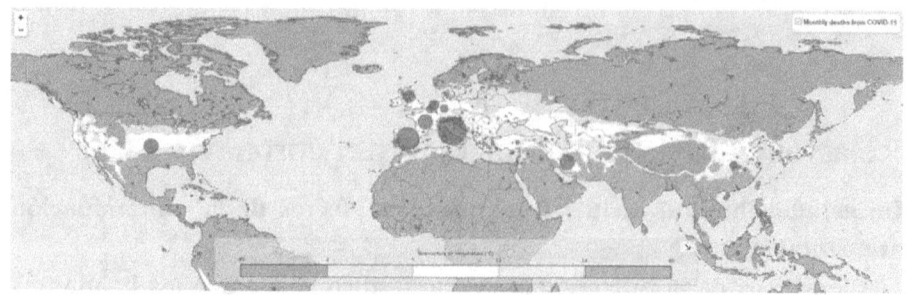

Temperatura y humedad afectan al coronavirus

Relación entre la humedad y el coronavirus

Según la AEMET y sus recientes investigaciones también la humedad del aire pueden incidir en la propagación y transmisión de la enfermedad.

El contagio sería parecido al de la gripe.

La gripe tiende a alcanzar su punto máximo en los meses fríos y disminuye en los meses cálidos.

En un entorno seco, la gripe se afianza en el aparato respiratorio del infectado y permanece más tiempo en el ambiente, mientras que con altos valores de humedad el virus tiende a ser menos estable y su propagación disminuye, pues las gotas portadoras del virus en la tos humana crecen y caen antes de infectar a otras personas.

Estos factores son beneficiosos en algunas ciudades costeras de España como:

- Cádiz.
- Huelva.
- Málaga.
- etc..

Como podemos ver en estas ciudades el clima puede ser uno de los motivos de las buenas cifras y pocos contagios en las zonas.

Esta relación sería una buena noticia debido a que nos estamos acercando al verano y porque varios modelos estacionales están coincidiendo en que serán unos meses más secos y cálidos de lo habitual en España.

Conclusión

Gracias al confinamiento,la calidad del aire que respiramos ha mejorado considerablemente, siendo algo muy positivo para el tratamiento en personas y pacientes con coronavirus.

Se sigue trabajando y los resultados permitirán investigar con mayor especificidad sobre el impacto de estos factores ambientales en la incidencia y propagación de la enfermedad Covid-19 a través de otras variables en salud, tales como:

- ingresos hospitalarios
- ingresos en UCI
- mortalidad

Según los expertos, en el futuro, tendremos que hablar comúnmente en el periodo de los meses fríos de los resfriados, de la gripe y del nuevo coronavirus, aseguran que a venido para quedarse y por eso se busca una vacuna.

CORONAVIRUS Y DEFORESTACIÓN

La deforestación

La deforestación de los bosques y selvas de la Tierra, además de ocasionar la desaparición de especies, repercute negativamente en la salud humana.

La destrucción de los ecosistemas es una de las causas por las que aparecen virus desconocidos que pueden infectar a la población.

La pérdida de bosques hace que muchos animales que habitan en ellos, se acerquen a las ciudades en busca de refugio o alimentos, al tener contacto con estas especies pueden surgir nuevas enfermedades que afectarán a los humanos.

Al desaparecer su hábitat natural, algunas especies encuentran refugio en las construcciones humanas y pasan a estar en contacto con la población.

Según Greenpeace los factores que propician la deforestación son la transformación de:

- bosques en cultivo.
- pastos para ganado.
- plantaciones para pasta de papel.

Deforestación

La deforestación y el coronavirus (COVID-19)

Se relaciona el cambio climático con el coronavirus y más en concreto con la deforestación.

Se habla del murciélago y del pangolín como posible origen del COVID-19, pero puede que los humanos y su estilo de vida destructivo para la naturaleza, tengan mucho que ver en la aparición de virus destructivos como este.

En referencia al artículo La importancia de los murciélagos, no son los culpables de la transmisión de la enfermedad y, en cambio, son muy beneficiosos porque controlan las poblaciones de insectos.

La deforestación y las epidemias

La quema de bosques en la selva del Amazonas para hacer campos de cultivos y poblaciones humanos provoca, además de una pérdida de hábitat, que haya charcas de aguas y, en ellas, muchos mosquitos. Esto aumenta la posibilidad de epidemias transmitidas por estos insectos.

La deforestación del Amazonas

La tala es una de las causas que se plantean un riesgo considerable de transmisión de patógenos entre especies y que la probabilidad de entrar en contacto con enfermedades causadas por animales es mayor en zonas de tala selectiva que en áreas quemadas.

Se sospecha que la malaria tiene que ver con la deforestación, ya que en Brasil esta enfermedad a crecido coincidiendo con la tala de árboles y la expansión de la agricultura.

El virus Nipah surgió debido a los incendios de Indonesia, los murciélagos tuvieron que emigrar en busca de alimento y al asentarse en los huertos y morder la fruta que comían los cerdos, estos empezaron a enfermar.

Las enfermedades han pasado a ser globales, de hay que el nuevo coronavirus chino se haya expandido, a eso se llama GLOBALIZACIÓN. Los viajes facilitan la propagación de los virus.

La importancia de desarrollar políticas preventivas para prevenir enfermedades y pandemias y de asegurar un medioambiente saludable.

Es decir, la clave para evitar la presencia de virus como el coronavirus, es preservar la naturaleza y restaurar los hábitats dañados y así cuidar nuestra salud.

Aunque aún existe mucho desconocimiento en torno al COVID-19, las alteraciones de los ecosistemas podría ser una de las múltiples causas de su   aparición.

LA IMPORTANCIA DE LOS MURCIÉLAGOS

O scar Ibáñez:

Matar a los murciélagos no es la solución para el coronavirus

Hay varias teorías del origen de la enfermedad, la más fuerte es la que asegura que la pandemia surgió en un mercado en donde comercializaban y consumían animales exóticos, entre ellos, los murciélagos.

Las noticias falsas ponen en riesgo no sólo a la humanidad, sino también a otras especies.

La reacción de unos habitantes de Perú, fue atacar a los murciélagos con fuego, quienes creían equivocadamente que estos animales transmitían el coronavirus COVID-19.

El Servicio Nacional Forestal y de Fauna Silvestre (SERFOR), llegó para rescatarlos, porque son animales completamente inofensivos, lamentablemente sólo salvaron 200 de ellos.

En defensa de los murciélagos, Serfor destacó que ellos son beneficiosos para el ser humano.

IMAGEN DE UN MURCIÉLAGO

Los Murciélagos y la polinización

Polinización: consiste en el transporte del polen desde los estambres hasta el estigma de la flor para que el óvulo sea fecundado y se produzcan semillas y frutos.

Cuando un murciélago se posa para comer, el polen queda atrapado en su pelaje, y al viajar a través de varias partes de su zona de distribución transportan los granos de flores a flores.

La polinización de las flores es una de las más importantes funciones ecológicas de la naturaleza.

La polinización puede ser originada de diversas maneras, esos factores que ayudan a polinizar son:

- viento
- agua
- animales

La mayoría de las plantas con flor son polinizadas por animales como son las:

- insectos: abejas y mariposas.
- vertebrados: colibríes y murciélagos.

Otros animales polinizadores

Unas 500 especies de flores de todo el mundo dependen de los murciélagos para ser polinizadas como las que producen:

- mangos
- plátanos
- cacao
- guayabas
- dátiles
- melocotones
- higos
- aguacates, etc.

murciélago polinizando

Algunas áreas dependen de la polinización de los murciélagos más que otras, se incluyen África, Asia y las islas del Pacífico.

Sin la ayuda de los murciélagos, muchas especies vegetales, frutas y flores se verían reducidas y quizá extintas lo que afectaría también a los seres vivos que dependen de ellas.

Además, los murciélagos también son bien conocidos por mantener los insectos y bichos lejos de los cultivos. Sin su ayuda el uso de pesticidas dañinos aumentaría de manera significativa y lo que resultaría peligroso para los seres humanos, es decir, muchos de los insectos son nocivos para la agricultura y para la salud humana como los mosquitos transmisores del dengue y otras enfermedades.

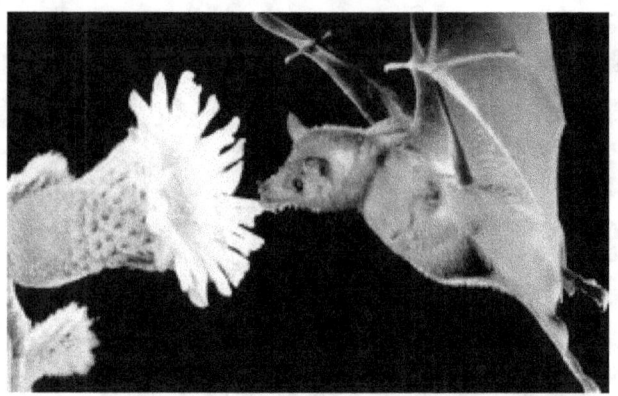

Murciélagos polinizadores

Conclusión

Lo cierto es que diversos científicos han dejado claro que estos mamíferos voladores, que viven en distintas partes del mundo y viven sobre todo de noche, no pueden contagiar de coronavirus a los seres humanos.

Los murciélagos pertenecían a la familia myotis, son insectívoros y no dañan a la humanidad, al contrario, son polinizadores.